名画里的二十四节气 ❷ 夏

文小通　编著

文化发展出版社
Cultural Development Press

·北京·

序

二十四节气有"中国的第五大发明"的美誉，2016年被正式列入联合国教科文组织人类非物质文化遗产代表作名录。它为什么备受重视呢？

因为它是古人创造的一个科学奇迹。在古代，没有望远镜或人造卫星，人们单单凭借肉眼和智慧，发现了一些天体运动的规律，并根据地球绕太阳公转形成的轨迹，把一年分为二十四等份，每一等份为一个节气，从立春开始，到大寒结束，一共有二十四个节气。由于地球绕太阳公转一圈，需三百六十五天，所以，每隔十五天，有一个节气。汉朝时，古人把二十四个节气制定成历法，用来指导农事，预知冷暖雪雨等，今天，它仍在指导我们的生活。

七十二候

动植物、天气等随着季节变化而发生的周期性自然现象，就是物候。古人以五天为一候，每个节气有三候，二十四节气共有七十二候。古人会根据物候变化安排什么时候干什么活儿。

二十四风

从小寒到谷雨，共有二十四候，每一候都有花朵开放。古人选出二十四种花期较为准确的植物，确立为二十四风，也就是二十四番花信风。花信风能帮助古人掌握农时。

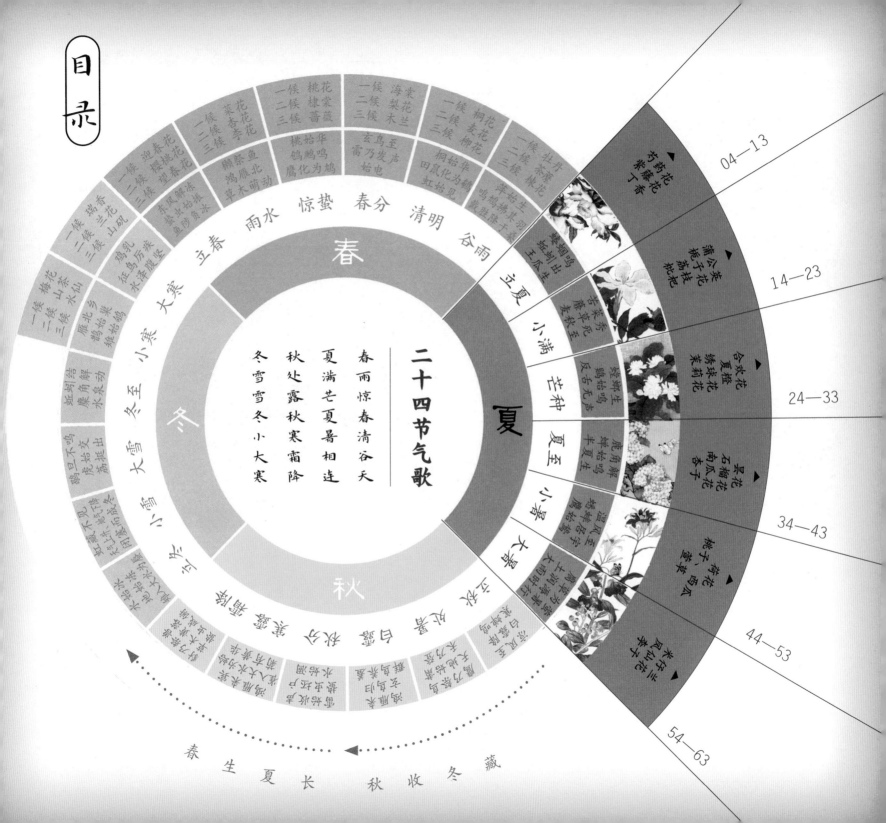

目录

二十四节气歌

春雨惊春清谷天
夏满芒夏暑相连
秋处露秋寒霜降
冬雪雪冬小大寒

春 夏 秋 冬

春生夏长秋收冬藏

立夏

春天过去了，句芒变得昏昏欲睡，连爬到龙身上的力气都快没有了。

"夏天来了，我要休眠了，"句芒眯缝着眼睛，"祝融快来接班了。"

"祝融是谁？"闪闪问。

"他是掌管夏天的神，也是火神，现在我们已经来到了祝融的领地。再见，再见……"句芒勉强解释完，就消失不见了。

布布和闪闪留恋不舍，大声呼喊句芒。这时，半空中突然飘来一朵云，云中隐现两条龙，龙背上载着一位神……

[清] 吴历《云白山青图》

　　来者是一位满头红发的人面兽身神。显然，这是夏神祝融。可是，闪闪和布布还惦记着句芒呢，又喊叫起来。

　　"我说，不要恋恋不舍，明年大家还会见面的。"祝融说，"瞧，我也有两条龙，一点儿不比句芒的差，要不要试试我的坐骑？"接着，他伸出手，手心上突然出现一团火焰，闪闪和布布惊奇地叫了起来。

　　在祝融的劝慰下，闪闪和布布的情绪慢慢好了起来。

花家山下流苍苍
港多著雨鱼方鱼
最花家是春先
莘西子度须秋
水颜花港观鱼

[清] 董邦达《山水图》

❖ "立夏"是什么意思

立夏在每年公历5月5日至7日之间的一天到来。"立"是开始的意思，"立夏"就是指夏天开始了。"夏"也有"大"的意思，所以"立夏"还意味着春天种下的农作物在夏天长大了，这就是"夏长"。

立夏与立春、立秋、立冬合称"四立"，是四季开始的节气。在这四个节气中，古人都要举行祭祀活动。

❖ 有趣的气候

立夏后，日照更多，天气更热，但我国幅员辽阔，按气候学的标准，此时只有很小一部分地区进入了夏日，大部分地区都还停留在春天。

❖ 江满、河满

[宋] 佚名《沧溟涌日图》

立夏之后，雨季就正式开始了，农作物长得更加茂盛。不过，猛烈的暴雨会导致水涨，"立夏、小满，江满、河满"的说法就是这么来的。

科学小馆

立夏时，太阳到达黄经45°，太阳直射点移到了赤道的北边，并继续向北回归线移动。

农事
日历
夏

[清] 陈枚《耕织图》

❖ 野草的争抢

从立夏开始，就进入了农忙时期，这是农作物和杂草生长最快的时候，野草会抢夺农作物的养分，因此，人们要锄草、松土，促进农作物生长。

[清] 陈枚《耕织图》

❖ 灌溉和施肥

春天种下的玉米、豆子和棉花等，要及时灌溉、施肥，这样可以帮助它们快快长大。害虫会啃食叶、果及根茎，因此人们要喷洒药剂，消灭害虫。

❖ 牲畜的"宿舍"

天气变热，猪、牛、羊、鸡等家畜的"宿舍"也变得闷热起来，蚊蝇等昆虫还飞来叮咬，容易传播疾病。因此，人们要给牲畜的"宿舍"通风、灭虫。

立夏
三候

夏

[宋] 王希孟《千里江山图》

一候　蝼蝈（lóu guō）鸣

蝼蝈可能是一种蛙，穿黑褐色的"衣裳"，喜欢和伙伴们开"演唱会"。立夏后，天气又热又湿，滋生了很多小飞虫，这是蝼蝈喜爱的餐点。

[明] 孙隆《花鸟草虫图》

二候　蚯蚓出

夏日雨后，经常能见到蚯蚓。因为下雨时，雨水渗入泥土中，挤走了土壤中的空气，使蚯蚓感到气闷，无法顺畅呼吸，便钻出地面透气。

三候　王瓜生

王瓜是葫芦科藤蔓（wàn）植物，细细的茎看起来很柔弱，攀缘的力量却很强大。王瓜的果子没成熟时是黄绿色，成熟后变成黄红色，由于乌鸦爱吃，又被称为"老鸦瓜"。

立夏怎么没有花信风？

古人确立的二十四番花信风中，有春天的 6 个节气（共 18 个花信风）、冬天的 2 个节气（共 6 个花信风），其他的节气都没确立花信风。

每个节气都应该有对应的花果哦，来找一找吧。

芍药花

五月，芍药展现嫣然仙姿，有单瓣，有重瓣，还有各种颜色，被称为"花仙""花中丞相"，还被推举为五月花神。很多人常把芍药和牡丹弄混，其实，芍药是草本植物，而牡丹是木本植物，牡丹比芍药早十几天开花，它们之间的区别很大。

[清] 郎世宁《花鸟图》

紫藤花

紫藤也叫藤萝、朱藤，是藤本植物，寿命很长，花开似锦。

[清] 马荃《花卉图》

丁香

丁香花的花筒细长，如"丁"字形，开花时浓香袭人，所以被称为丁香。

[清] 蒋廷锡《写生册》

［清］冷枚《百子图》

❖ 立夏称人

　　夏天炎热，人们不爱吃饭，容易消瘦，一些地区因此有称量体重的习俗。就在大秤的秤钩上挂一个板凳或一个筐，人坐在凳上或筐里称体重。

❖ 立夏挂蛋、斗蛋

　　传说，古时候，很多孩子在夏天热得无精打采，女娲娘娘便让人们在孩子胸前挂上熟蛋，以此保佑孩子无灾无病。后来，人们用彩线编成套子，把熟鸡蛋放在里面，挂在孩子胸前。孩子们还在立夏斗蛋，用蛋尖对蛋尖、蛋尾对蛋尾，互相撞击，蛋壳没破的为赢。

❖ 立夏启冰

立夏这天，皇帝会把冬天时保存在冰窖里的冰拿出来，切割后赐给大臣。大臣们把珍贵的冰块带回家，就能做冷饮喝了。人们还会把水果浸在清凉的水里，吃了能除热。

❖ 立夏见三鲜

各地的"三鲜"各有不同，一般分为"地三鲜""树三鲜""水三鲜"。"地三鲜"一般指苋（xiàn）菜、蚕豆和蒜苗，"树三鲜"多指樱桃、枇杷和杏子，"水三鲜"则指鲥鱼、鲳鱼、黄鱼。

❖ 立夏饭

用红豆、绿豆、青豆、黄豆、黑豆和大米煮饭，五彩颜色的寓意是五谷丰登，叫立夏饭。

古诗词里的立夏

山亭夏日

［唐］高骈（pián）

绿树阴浓夏日长，楼台倒影入池塘。
水晶帘动微风起，满架蔷薇一院香。

甲骨文里的立夏

"夏"这个字看起来像一个侧面人形，有脑袋，有头发，有身子，有手有脚。他伸开双臂，显得十分威武雄壮。早期的时候，"夏"是"人"的意思。古书上说："夏，中国之人也。"中国古称华夏，我国史书中记载的第一个世袭制朝代就叫"夏"。

节气文化

夏

天地始交，万物并秀

谚语里的立夏

立夏不热，五谷不结。

立夏后冷生风，热必有暴雨。

立夏蛇出洞，准备快防洪。

立夏落雨，谷米如雨。

立夏不下雨，犁耙高挂起。

立夏麦咧嘴，不能缺了水。

古籍里的立夏

《月令七十二候集解》："立，建始也。""夏，假也，物至此时皆假大也。"

大意：立是"开始"的意思。夏是"大"的意思，万物到了夏天时都快速生长。

[宋] 佚名《摹顾恺之洛神赋图》

小满

绿油油的小麦长得很高了，闪闪和布布穿行在里面，找到了一个凉快的地方。他们让祝融和龙过来乘凉。大家静静地坐在阴凉里，沉默了一会儿，祝融终于忍不住了，问："为什么要一动不动地坐在这里？"

布布说："因为你发烧了，我们一靠近你就感觉到很热！"

闪闪站起来，飞快地跑出去，要去溪边捧些水回来给祝融降温，因为实在不知道神生病了要吃什么药。

祝融笑得直咳嗽，龙则面无表情，一副见怪不怪的样子。

[清] 王原祁《江国垂纶图卷》

　　祝融说："我没有发烧。整个夏天，我的身体会一天比一天热，因为我要用自己的能量使庄稼迅速生长、籽粒饱满。能量让我身体发热。"

　　布布恍然大悟。这时，闪闪已经用大叶子取水回来了，他听到祝融的解释后说："可是，水已经取来了，不要浪费啊。"话音未落，龙一下就吸走了水，又把大叶子盖在自己的脑袋上，仍旧面无表情。大家愣了一下，然后哈哈大笑起来。

认识
小满
夏

[清] 蒋廷锡《四瑞庆登图》

❖ 为什么叫"小满"

在每年公历 5 月 20 日至 22 日之间的一天，小满如期而至。"小满小满，谷粒渐满"，这个时节，北方的大麦、冬小麦已经结籽，正在一点点变饱满，但谷物还没有成熟，所以叫小满。在南方，"满"常指雨水充沛。小满是距离丰收很近的节气，春天种下的作物很快就要收获了，新的耕种也快要开始了。

❖ 多雨和少雨

"大满小满江河满"，小满的另一个意思是指，小满之后，南方的降雨多了起来，降水灌满了江河湖泊。"小满不满，麦有一险"，如果小满时雨水不足，庄稼会有长不大的危险哟。

❖ "火爆"的干热风

从小满开始，天气像是被添了一把柴火，明媚的艳阳天多起来，气温逐渐升高，有些地方会出现"干热风"，也就是"干旱风""火风"，这会危害农作物，要及时做好田间管理。

科学小馆

小满时节，太阳到达黄经60°。这天，北斗七星的斗柄会指向"甲"位，也就是正东方。

物至于此，小得盈满

农事日历

夏

"小满动三车"，就是在小满时，江南农村要动用三种车，一种水车，一种油车，一种丝车。

［清］陈枚《耕织图》

❖ 水车、油车、丝车

小满时节，如果田里没有蓄满水，田地干裂，就没法栽种水稻了。要用水车把水引入农田，进行灌溉。

此时，油菜成熟，收割后把油菜晒干、脱粒，得到菜籽。再把菜籽晾干，用油车碾磨，就得到菜籽油了。

蚕宝宝长大了，开始吐丝结茧。丝车可把蚕丝从蚕茧里抽出来，即缫丝。之后，就可以纺织做衣服了。

［清］陈枚《耕织图》

[明] 汪中《得趣在人册》

一候　苦菜秀

　　小满时，苦菜、灰菜等可采摘了。苦菜是菊科植物，开白色或淡黄色花，叶苦根甜，可生吃，可凉拌。早在商朝时，苦菜就进入了中国人的菜谱。过去在小满时，存粮大多吃尽，新粮还未成熟，人们就去野地里挖苦菜充饥。

二候　靡（mí）草死

　　靡草指的是茎秆比较柔软的植物，常生长在阴凉处。小满时节，天气变热，强烈的阳光把靡草晒得无精打采，开始枯萎、死亡。

小满
三候

夏

三候　麦秋至

　　"麦秋"的"秋"指庄稼成熟。小满时，麦子由青转黄，开始成熟。"春"和"秋"不仅指季节，也指庄稼的生长，谷物刚刚生长叫"春"，谷物成熟叫"秋"。

[清] 郎世宁《仙萼长春图册》

蒲公英

蒲公英是菊科植物，也叫黄花地丁、婆婆丁。初夏花开，花谢后变成绒球，绒毛上带着种子，随风飘到"天涯海角"。

荔枝

荔枝又叫丽枝、离枝等，果皮上有凸起的鳞斑。2000多年前，古人就开始种植荔枝。荔枝偏爱高温高湿的环境，南方多见，与香蕉、菠萝、龙眼并称"南国四大果品"。

［宋］钱选《荔枝图》

枇杷

枇杷是蔷薇科植物，秋冬开花，春夏果熟。果实颜色发黄，艳丽夺目，常被古代画家画到作品中。

栀子花

栀子花是茜草科灌木，也叫玉荷花、白蟾花等，花朵洁白素雅，花香四溢，美丽动人。

［五代］徐熙《写生栀子》

［宋］林椿《枇杷山鸟图》

物至于此，小得盈满

小满花果
夏

［清］余穉《端阳景图》

[清] 萧晨《桃源图》

❖ 祭车神

小满时，有些地方会祭车神。"车"是水车，能帮助人类灌溉，这让古人觉得，是有神在主宰。因此，他们会用鱼肉、香烛等进行祭祀，还把祭品中的白水洒到田里，祈祷储满足够的水、风调雨顺。

❖ 抢水

"抢水"的风俗在旧时浙江海宁一带一度盛行。小满这天，黎明时分，村民一起出动，在水车上吃麦糕、麦饼、麦团等，然后敲锣打鼓，大家一齐脚踏水车，把清澈的河水引到田里。

❖ 祈蚕节

相传小满是蚕神的生日，在江浙一带，古人会举行祈蚕节。他们把蚕看作"天物"，会去蚕神庙摆上供品，祭祀蚕神，希望蚕神保佑蚕宝宝顺利长大，早日成熟结茧。

❖ 烤麦穗

麦子将熟，麦穗渐渐饱满。人们关心麦子的长势，经常去田里看看，顺便带一些麦穗回家。把麦穗放在火上烤熟，香味扑鼻，吃起来别有一番滋味。

❖ 清热祛湿的食物

[明] 佚名《瓜鼠图》

在小满时节，天气热起来，雨水多，出汗也多，可吃一些清热祛湿的食物，如赤小豆、薏仁米、绿豆、冬瓜、黄瓜、黑木耳、胡萝卜、西红柿、西瓜、草鱼、鸭肉等。

❖ 小心肚子痛

气温不断升高，很多人喜欢喝冷饮、吃冷食消暑，但过量的冷饮冷食会让人肚子痛，甚至腹泻，所以，要注意不能过量。

古诗词里的小满

五绝·小满

[宋]欧阳修

夜莺啼绿柳，皓月醒长空。
最爱垄头麦，迎风笑落红。

甲骨文里的小满

　　小满时节，麦子快要成熟了，甲骨文里的"麦"字看起来就是成熟的样子，中间的一竖像麦秆儿，顶部像压弯了麦秆儿的沉甸甸的麦穗，麦秆儿两边是麦叶，下面是根。仔细看，麦子下还有一只"脚"，好像麦子正朝我们走来。在我们的祖先看来，麦子是上天的馈赠。

[清]徐扬《姑苏繁华图》

谚语里的小满

小满小满，麦粒渐满。

麦到小满日夜黄。

小满十八天，青麦也成面。

大麦上场小麦黄，豌豆在地泪汪汪。

小满节气到，快把玉米套。

古籍里的小满

《月令七十二候集解》："四月中，小满者，物至于此小得盈满。"

大意：农历四月中的小满，夏熟作物在这时开始饱满，只是小满，还没有完全丰盈成熟。

节气文化

夏

芒种

割麦子啦！大人一手抓住麦子，一手握紧镰刀，割下一捆捆的麦子。麦地中央堆起了一堆堆麦垛，有孩子在麦垛上爬上爬下，玩得不亦乐乎。

大人割过的麦地上，遗落下零散的麦穗，又有孩子跑去捡麦穗，每捡到一个就发出欢快的尖叫声，好像发现了宝藏……

闪闪和布布捡到很多麦穗，他们跑去告诉祝融，而祝融正在打瞌睡！闪闪把麦穗放到祝融身上，想利用祝融身体的热度烤麦穗吃。

"我是给你们烤麦穗的吗？"祝融睁开眼睛，发出声嘶力竭的怪叫，"我可是一位大神！著名的……大神！"

哈哈哈……哈哈哈……伴随祝融打雷一样的吼声，笑声也传到了很远，很远。

[清]陈枚《耕织图》

[清] 陈枚《耕织图》

◈ 芒种的含义

芒种在每年公历6月5日至7日之间的一天到来。"芒"指禾本植物种子壳上的细刺,此时,大麦和小麦等有芒植物要收割;"种"是播种的意思,有芒的谷类作物要播种;"芒种"意味着收获与播种。夏播庄稼要抓紧播种,一旦错过时节,就很难成活了,所以,"芒种"也被称为"忙种"。

◈ 梅雨时节

芒种时,气温明显升高,全国大部分地区都能体验到夏日的炎热。雨水也极为充足,江南会开启梅雨模式。

梅雨是冷空气和暖空气互相"搏击"形成的,梅雨期间,天气潮湿,家中器物容易发霉,被称为"霉雨"。"黄梅时节家家雨",此时梅子成熟,所以也叫梅雨。

科学小馆

芒种时节,太阳到达黄经75°。这天也是干支历午月的开始。午月就是农历五月。

认识芒种
夏

[清]任熊《十万图册》

◈ 夏收

"麦收如救火，麦场如战场"，芒种时节多雨，人们要赶在下雨前抢收完麦子。否则，麦子倒在田里发霉，就无法再吃了。

我只知道秋收，第一次听说夏收！

［清］陈枚《耕织图》

◈ 夏种

抢收完麦子后，要抓紧种谷子、大豆、玉米等夏播作物。

◈ 夏管

芒种是农作物生长的关键期，要密切关注雨情，还要追加肥料、防治害虫、清除杂草等。

［清］王翚《仿赵大年水村图》

[清] 沈铨《百鸟朝凤图》

一候　螳螂生

　　螳螂秋天产卵，在经过一个冬天和一个春天后，在芒种时节，螳螂宝宝破卵出生。螳螂是肉食性昆虫，有保护色，不易被天敌发现。

[宋] 李迪《秋卉草虫图》

二候　鵙（jú）始鸣

　　"鵙"指伯劳鸟，是一种很小的猛禽，捕获猎物后，会把猎物挂在带刺的树枝上，也叫屠夫鸟。伯劳鸟喜阴湿，芒种时，因感受到阴湿气息开始鸣叫。

[宋] 李安忠《竹鸠图》

三候　反舌无声

　　"反舌"是一种小鸟，能模仿其他鸟鸣叫，有时像笛声，有时像箫音，也叫百舌鸟，芒种时，因感受到阴湿气息而停止鸣叫。

[宋] 黄荃《枇杷山鸟图》

合欢花

合欢树六七月开花，花朵从侧面看像粉色的小扇子，奇特而优雅。当夜晚来临，光线减弱，叶子会自动闭合；白天光线增强，叶子再自动展开。

夏橙

夏橙头年春天开花，之后结果，果子在第二年夏天成熟。此时，树上有第二年盛开的花，还有头年结的果。花谢后，小小的新果结出来，和头年结的大果在同一棵树上，十分奇异。

绣球花

绣球是虎耳草科的灌木，花梗很短，花朵密集地挤在一起，看起来像一团绣球。花色有粉红、淡蓝、白色等，花形丰满，大而美丽。

[宋] 佚名《缂丝喜报生孙图》

茉莉花

茉莉花为木犀科灌木，5~8月开花，香气浓烈，洁白玲珑，极受人们喜爱。

[宋] 赵昌《茉莉花图》

❖ 送花神

芒种这天，古人有送花神的习俗。此时百花凋零，惹人伤感，古人举行祭祀仪式，恋恋不舍地送别花神，期待来年花朝节时能与花神再相逢。

[明] 陈洪绶《杂画册》

花朝节是百花的生日，在农历二月举行。古人会去野外踏青、赏花、扑蝶等。女子们剪五色彩纸，粘在花枝上，称为"赏红"。

❖ 端午节

端午节临近芒种。关于端午节有很多传说，比如，战国时期爱国诗人屈原在五月初五投江殉国，人们因此将端午节作为纪念屈原的节日。端午这天，人们会挂艾蒿，佩戴五色线，划龙舟，吃粽子等。传说划龙舟是为了让龙驱散江中的鱼，不要啃食屈原的遗体。

❖ 安苗

安徽等地有安苗的习俗，就是用面捏成农作物和动物的样子，用蔬菜汁染色，希望五谷丰登。

璀璨
风俗

夏

❖ 打泥巴仗

贵州一带，芒种前后会举办打泥巴仗节。人们在秧田里互扔泥巴，身上的泥巴多表示受欢迎。

❖ 饮酸吃苦

芒种时节，气候湿热，饮酸指进补一些酸味水果，比如乌梅、菠萝、猕猴桃等，可消暑益气。吃苦指吃苦瓜、莲子、荞麦、生菜等，也可清热解暑。

[清] 项圣谟《花卉十开》

❖ 青梅煮酒

芒种时，南方的梅子成熟了。新鲜的梅子味道酸涩，用酒浸泡梅子后，味道会十分可口。历史小说《三国演义》中便有曹操和刘备"青梅煮酒论英雄"的故事。古人还用糖或盐加入梅子一起煮，也可以再放一点儿紫苏。

[唐] 边鸾《秋实山禽图》

[清] 佚名《闹龙舟》

31

古诗词里的芒种

约 客

[宋] 赵师秀

黄梅时节家家雨，青草池塘处处蛙。

有约不来过夜半，闲敲棋子落灯花。

谚语里的芒种

芒种忙，麦上场。

夏季农活繁，做好收、种、管。

芒种芒种，连收带种。

麦在地里不要笑，收到囤里才牢靠。

麦熟一晌，虎口夺粮。

芒种前后麦上场，男女老少昼夜忙。

节气
文化

夏

[明] 谢时臣《风雨归村图》

甲骨文里的芒种

　　传说，芒种期间的端午节与古代龙图腾崇拜有关。一般认为，龙是一种想象出来的动物，能隐能显，能粗能细，能长能短，能呼风唤雨，十分厉害。甲骨文里的"龙"字，有龙头、龙背、龙肚子、龙尾巴；它盘曲着身子，张牙舞爪，展示着强大的力量。

古籍里的芒种

　　《月令七十二候集解》："五月节，谓有芒之种谷可稼种矣。"

　　大意：五月芒种时节，那些有芒的谷物可以播种了。

夏至

中午，太阳高高地挂在天上，闪闪和布布让夏神祝融同他们一起玩踩影子的游戏。

祝融拒绝了，因为在地上又蹦又跳的，实在不符合一位"著名大神"的身份。

闪闪笑起来，指着祝融的影子说："你的影子好矮呀，像个小矮人！"

布布对闪闪说："闪闪，我们的影子也变小了！"

咦，这是怎么回事呢？

[明] 吴彬《山阴道上图》

祝融解释说："影子的长短是随着太阳移动而改变的，夏至的正午，北半球所有的影子都是全年最短的时候。"

闪闪和布布眼睛一亮，听起来夏至也是一个很有意思的节气。那么，夏至究竟是什么样的呢？

不待他们发问，祝融潇洒地一挥衣袖，顿时，一幅夏至画卷就展开了……

认识
夏至
夏

傲赵令穰江
乡清夏图

[清] 王时敏《仿北宋赵令穰江乡清夏图》

❖ 东边日出西边雨

唐朝诗人刘禹锡的《竹枝词》中，有一句是"东边日出西边雨，道是无晴却有晴"。这是因为夏至后地面更热，空气对流更激烈，容易形成雷阵雨，这种热雷雨来去很快、范围很小，有时在一道田埂两边，这边下雨，那边晴天。

❖ 夏至的"至"

夏至在每年公历 6 月 21 日至 22 日之间的一天到来。"至"是极的意思，这一天，北半球各地的白天最长，夜晚最短，影子也最短。

❖ 夏至不过不热

谚语说"夏至不过不热"，夏至后，太阳越来越晒，气温越来越高。喜欢阳光的植物们也在努力生长。这时也是农忙关键期。

科学小馆

夏至这天，太阳到达黄经90°，直射地面的位置到达一年的最北端，几乎直直地射在北回归线上，因此，位于北半球的我们，就迎来全年白昼最长的一天。过了夏至这天，白天会越来越短。

古人曾立杆测影，就是竖立一根木杆，测量木杆影子的长短，由此发现，每天正午时日影最短。后来，人们发明圭表，测出一年中正午影子最短的一天，并将这一天确定为夏至，把影子最长的一天确定为冬至。

宁戚饮牛

[清] 任熊《人物山水册》

农事日历 夏

❖ 间苗，补苗

夏至时节，阳光和雨水充足，会让幼苗快速生长，这时就需要间苗和定苗了，就是在过量的留苗中拔去多余的，让剩下的苗有足够的养分。如果苗稀，还要补充新苗。

❖ 打杈是什么

一些农作物长了很多枝杈，需要把多余的小杈掐掉，留下强壮的枝杈，这样它们才能苗壮长大。

❖ 锄草，灭虫

谚语说："夏至不锄根边草，如同养下毒蛇咬。"夏至时，杂草也长得很旺盛，它们抢夺农作物的养分，还可能带有病菌和害虫，因此，要锄掉杂草。"锄禾日当午"就是在炎热的太阳下锄杂草。这时，果树上的果子也在长大，吸引了很多虫子前来啃食，还要喷洒农药驱虫。

[清] 董邦达《解角图卷》

一候　鹿角解

雄鹿头上长着美丽的鹿角，古人认为，鹿角属阳，而夏至时雨多、阴气旺盛，所以鹿角会脱落。真相是：鹿角每年都会脱落并再生，夏至前后恰好是鹿角脱落之时。

[清] 佚名《东海驯鹿图》

鹿角是鹿头上所长的一种骨质结构，未骨化而带茸毛的幼角称为鹿茸。鹿长大后，鹿角上的茸毛脱落，坚硬的鹿角成为自卫或搏击的武器。

二候　蝉始鸣

蝉每到夏天便"知了知了"地叫，所以也叫"知了"。但只有雄蝉会叫，雌蝉几乎是"哑巴"，不能发声。雄蝉每天叫个不停，自己却听不到。

[清] 樊圻《山水花卉册》

蝉的若虫会在地下度过一段时间，这段时间靠吸食植物根部的汁液存活。它们可能在地下"潜伏"几年甚至十几年；出土后，只能活一个夏天。

夏至
三候

夏

三候　半夏生

半夏是一种植物，喜阴，夏至时，沼泽地、溪旁、水田里到处可见它们的身影。由于此时夏天已经过半，所以人们称它们为半夏。

昙花

昙花属仙人掌科灌木，在夏夜开放，开花时间只有几个小时，因此人们用"昙花一现"表示美好事物转瞬即逝。

石榴花

石榴花为红色，古人喜爱它，希望日子也能像它一样红火。石榴多籽，古人认为它象征多子多福。

［清］邹一桂《蜀葵石榴图》

南瓜花

南瓜为蔓生草本植物，"身上"披着硬毛，摸起来扎手。夏天开黄花，花像五角形的钟。

杏子

杏子在这时候变黄成熟，杏肉和甜杏仁都能吃。杏树原产中国，据说经由丝绸之路传到了世界各地。

绿肉为含粉，圆荷始散芳

夏至花果

夏

［清］佚名《摹王湘花鸟图》

❖ 夏至节

古代，夏至这天，皇帝会亲自主持祭祀活动，祈求国运昌盛、风调雨顺；皇帝还给官员们放"暑假"，以躲避酷暑。

北京的地坛公园，就是明清皇帝夏至祭祀的地方。

❖ 感谢土地神

在北方，人们会用收获的小麦做面条，供奉给土地神，以表达对丰收的感谢，希望来年也是个丰收年。

[清]周鲲《林钟盛夏图》

❖ 古人怎么消暑？

古代没有风扇、空调，没有清凉的短裤、短袖，人们会用扇子消暑散热，女子们还会在夏至日互相赠送扇子、脂粉等。扇子能扇风，脂粉能预防生痱子。

[明] 周臣《山亭纳凉图》

❖ 绿豆汤

绿豆汤的做法很简单，把绿豆煮熟，喝它的汤汁就可以了，不仅清热，还能解毒。所以，很多地方的人都会在夏天喝绿豆汤或者煮绿豆粥吃。

❖ 夏至饼

在江南一些地方，有"夏至夏至，麦饼吃尽"的谚语流传，这说的是夏至这天会吃夏至饼。把小麦粉加水，调成面糊糊，摊成薄饼，卷入青菜、豆芽、豆腐、腊肉等。

❖ 过水面

很多地方有夏至吃过水面的习俗。炎炎夏日，吃一口用凉水冲过的面条，感觉非常清凉。夏至是麦收时节，吃过水面也有尝新之意。

❖ 麦粽

麦粽和粽子长得很像，是粽子的一种。古代的时候，人们在夏至日做麦粽，祭祀后吃。

❖ 豌豆糕

在南京，夏至这天，大人要让小孩骑坐在门槛上吃豌豆糕，相传它能预防很多疾病。豌豆糕是一种甜食，香甜可口，清凉下火。

临水桑茞
影摇凤绰约
燄霞炎
不争烂秋信
与添红疎
景供幽览分
阴颓转
蓬戈鳞溪澕
霞掩暎鏡
汝宅

节气
文化
夏

[清] 佚名《御制诗缂丝白茞红蓼》

古诗词里的夏至

夏至过东市二绝

[宋] 洪咨夔（kuí）

涨落平溪水见沙，绿阴两岸市人家。
晚风来去吹香远，蕲蕲冬青几树花。

谚语里的夏至

夏至风从西边起，瓜菜园中受熬煎。

夏至东风摇，麦子水里捞。

夏至无雨三伏热。

夏至伏天到，中耕很重要；伏里锄一遍，赛过水浇园。

夏至落雨十八落，一天要落七八砣。

夏至一场雨，一滴值千金。

古籍里的夏至

《清嘉录》："夏至日为交时，日头时、二时、末时，谓之'三时'，居人慎起居、禁诅咒、戒剃头，多所忌讳。"

大意：在夏至这一天，要按时起居，不能骂人，也不能剃头理发，有很多禁忌。

甲骨文里的夏至

夏至阳光灿烂，左边这个图形就是甲骨文中的"阳"字之一。"阳"字的左边是"阜"，就是土山的意思，也有升高的意思；"阳"字的右边上部是"日"，下部有点儿像"T"字形，代表祭祀神灵的石案（也有人认为它代表树枝），表示太阳升到了祭桌（或树枝）的上方。"阳"本作"昜"，昜是"暘"的本字，表示日光照耀，引申为太阳、阳光、温暖、明亮等。

小暑

　　"太热了！"闪闪站在小溪里用水洗脸，还时不时地往布布身上弹水滴。布布也跑到水里，和闪闪玩打水仗。他们你泼一点儿我泼一点儿，玩得不亦乐乎。

　　突然，布布小声说："哎呀，糟糕，我不小心泼到祝融了。"

　　两个人扭头望去，只见两棵树之间绑着一个吊床，龙睡在吊床上晃啊晃，祝融正背对着他们，拿着大叶子给龙扇风……

　　闪闪蹑手蹑脚地走到祝融身后，把手里捧的水洒到祝融耳朵上，"下雨啦！"

　　祝融闭着眼睛，头也不回地说："我用脚丫子都能想到，是你搞的鬼。"

　　闪闪哈哈哈笑起来。

　　闪闪对祝融说："我们去吃西瓜解暑吧。"

　　祝融毫不动心，可是龙却"腾"地一跃而起，向西瓜地飞去了，刚才它明明睡得正香……

［元］王渊《莲池禽戏图》

［元］王渊《莲池禽戏图》

45

❖ 没到最热的时候

小暑在每年公历7月6日至8日之间的一天到来。"暑"是炎热的意思，"小"指热的程度还不够，只是小热。不过，小暑后面就跟着最热的大暑了。

❖ 盛夏开始了

从小暑开始，中国大部分地区进入了盛夏。太阳变得毒辣，像大火球一样炙烤大地，人们仿佛置身于一个大蒸笼里，一年中最热的"三伏天"就要登场了。

三伏的"伏"指阴气受阳气所迫藏伏在地下。三伏在小暑和处暑之间，入伏日在每年公历7月中旬，三伏指初（头）伏、中（二）伏和末（三）伏。

❖ 雨热时节

从小暑开始，雷暴增多，气候高温潮湿，同时阳光强烈。

科学小馆

小暑这一天，太阳到达黄经105°，农历六月开始了。

认识小暑
夏

❖ 棉花整枝

小暑时，要给棉花整枝。"尽管小暑天气热，棉花整枝不能歇"，掐去老的枝叶，确保棉花营养充足。

稻风迎春气，杆蕾满清彩
农事日历
—夏—

[清] 陈枚《耕织图》

❖ 追肥、治虫

小暑的雨热天气有利于农作物生长，但还是要注意追加肥料。在盛夏高温中，蚜虫、红蜘蛛等飞速生长，它们啃食庄稼，因此，也要及时治虫。

❖ 雨多雨少

虽然小暑时节雷雨天气多，但有的地方雨多，有的地方雨少，甚至有的地方会有干旱。在雨多的地方要积极防洪，在雨少的地方要及早蓄水。

[明] 仇英《独乐园图》

後倚眠蓮塘涼
飆引興長板橫清
暑氣撲鼻鼻送花香
露滴珠璣題波明
錦鱗粼餘茶蓮蛺
蝶翻夢縈鴛鴦
出水青羅蓋晚風
戲王家誰能夢步
屏野賞雞水雲鄉
鷺鷥得人立疏花風
　三圖編錄
　　[印]

小暑三候
夏

一候　温风至

"温风"就是热风的意思。炎热的小暑来临，连迎面而来的风中都翻涌着热浪，这时候的空气中几乎没有凉爽舒适的风了。

[宋]许迪《野蔬草虫图》

二候　蟋蟀居宇

蟋蟀也叫蛐蛐，小暑前后，蟋蟀出生，由于太热，它们到庭院墙角避暑，要在农历七月后才去草丛中活动。

[元]徐泽《架上鹰图》

三候　鹰始鸷(zhì)

"鸷"意为凶猛。小暑来临，地面实在太热了，老鹰带着小鹰飞向空中"避暑"，姿态凶猛。

[清]沈铨《荷塘鸳鸯图》

[清]王图炳《荷花图》

荷花

荷花是莲属水生植物，也叫莲花、水芙蓉。小暑时，荷花开放，出淤泥而不染，清新脱俗，被称为"六月花神"。荷叶上有很多细小茸毛，水珠无法浸润，打湿不了荷叶。荷花的花瓣、莲子、莲藕都能吃，莲子是荷花的果实，莲藕是荷花的地下茎。

桃子、西瓜

桃树是蔷薇科乔木，果子香甜。桃树原产中国，经由丝绸之路传到外国。葫芦科的西瓜则是通过丝绸之路传入中国的。

[明]吕纪《仙桃图》

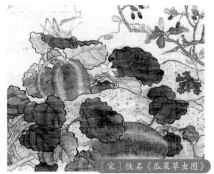

[宋]佚名《瓜果草虫图》

萱草

萱草是百合科草本植物，也叫忘忧草，花为橙黄色，看起来像百合花，芳香浓郁，古人用它象征母爱，因此也叫"母亲花"。

[清]余穉《花鸟图册》

荷风送香气，竹露滴清响

小暑
花果

夏

[清]许良标《芭蕉美人图》

49

❖ 晒衣节

农历的六月初六，是晒衣节。由于衣物容易发潮、发霉，易招来小虫子，而小暑阳光炙热，正好可以对衣物进行晾晒消毒。古时候，皇帝会在这一天晒龙袍，百姓们则晾晒衣服，读书人还会把书拿出去晒一晒。晒过的物品干干暖暖，带着阳光的味道。

❖ 头伏饺子，二伏面，三伏烙饼摊鸡蛋

小暑时节，将步入伏天，人的食欲下降，容易消瘦。古人认为饺子能开胃，所以在入伏的时候吃饺子。

三国时期，就有二伏吃面的习俗。高温多雨的天气，容易让人中暑，一碗热乎乎的汤面则使人浑身出汗，让身体舒坦，据说也能驱走病症。

三伏时，天气开始转凉，经历过酷暑的折磨，这时要适当补充营养，吃烙饼摊鸡蛋是一个不错的选择。

❖ 吃伏羊、吃鲜藕

在山东、安徽和江苏的一些地方，有小暑吃羊肉、喝羊汤的习俗，叫"吃伏羊"。热腾腾的羊汤可以祛除体内湿气。

藕清清脆脆，适合夏天食用，清热去烦。

璀璨
风俗

夏

[清] 佚名《十二月令图》

［清］陈枚《月曼清游图册》

51

古诗词里的小暑

咏廿四气诗·小暑六月节
（节选）

[唐] 元稹

倏忽温风至，因循小暑来。

竹喧先觉雨，山暗已闻雷。

金文里的小暑

小暑天气炎热，仿佛把人放在锅里蒸煮。金文里的"煮"字，左上角像是刀切兽骨和碎肉，右上角是一个人，中间像古代的三足鼎锅，锅下面的火烧得正旺。瞧，这个人一手持刀，一手拿兽骨，正在割肉，要把肉放到锅里煮……

谚语里的小暑

小暑过，一日热三分。

节到小暑进伏天，天气无常雨连绵。

小暑大暑，灌死老鼠。

小暑小禾黄。

小暑大暑，上蒸下煮。

[清] 任熊《十万图册》

古籍里的小暑

《月令七十二候集解》:"暑,热也,就热之中分为大小,月初为小,月中为大,今则热气犹小也。"

大意:暑是热的意思,热分大小,有"小热"和"大热",现在为"小热"。

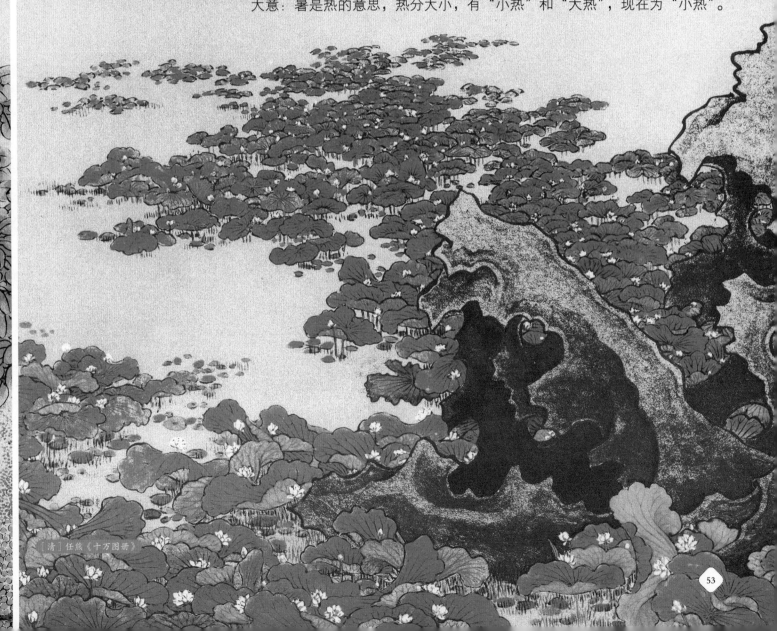

[清] 任熊《十万图册》

53

[元] 陈汝言《仙山楼阁图》

大暑

夏神祝融的身体越来越热，越来越红，热得闪闪和布布脸上也红扑扑的。

布布问祝融："你会不会燃烧起来呀？"

祝融面无表情地说："我从不自燃。"

闪闪又问："那你会不会冒烟呢？"

祝融仍旧面无表情地说："我又不是烟囱。"

"不过——"祝融突然有些忸怩，不像之前那么火爆和干脆了，"我太热了，如果不回天宫去，就会把人间烤着了……"

闪闪和布布知道祝融也要离开了。

祝融说："夏天即将过去，等大暑结束，我就要和你们分开了。"

"可是，"闪闪和布布嘟着嘴，"我们会想你的……"

"我走以后，秋神蓐（rù）收会陪伴你们的，不过——"祝融停顿了一下，"就算有了蓐收，你们也要想我呀。"

闪闪和布布忽然不想度过大暑了，因为过了大暑，祝融就会像句芒一样消失了……

[宋] 吴炳《写生折枝图》

❖ 热到极致

大暑在每年公历 7 月 22 日至 24 日之间的一天到来。大暑和小暑都是指天气炎热，大暑是指已热到顶峰。从大暑开始，就是一年中温度最高、日照最多的时候，火辣辣的太阳能晒伤皮肤，大地上暑气蒸腾。空气又闷又潮，稍微一动，汗水就可多到湿透衣服。

❖ 谷物更饱满

"大暑不暑，五谷不鼓"，如果没有大暑的大热，喜热谷物就不会结出饱满成熟的籽粒。

科学小馆

大暑这一天，太阳到达黄经120°，直射北半球。北斗七星的斗柄指向"未"位，即西南方向，"未"在古代指六月。

[清] 陈枚《耕织图》

[清]陈枚《耕织图》

❖ 割稻子、栽晚稻

"大暑不割禾，一天少一箩。"大暑时，金灿灿的稻谷成熟了，天气热得让人喘不过气来，但人们还是要尽快收割稻子。

在南方一些地区，一年要种两次水稻，第一次是早稻，第二次是晚稻，一年有两次收获。"早稻抢日，晚稻抢时"，大暑就是晴天割早稻、阴天栽晚稻的时候，人们必须争分夺秒地耕地、插秧，赶在立秋前栽好晚稻。

❖ 灌溉

"小暑雨如银，大暑雨如金。"由于大暑时农作物生长很快，炎热的天气水分又容易蒸发，所以，要及时灌溉。

一候　腐草为萤

　　萤火虫是一种小型甲虫，尾部能发光，喜欢生活在湿热隐蔽的草丛中，并把卵产在枯草上。大暑时节，卵孵化出来，古人以为是腐草变成了萤火虫。

二候　土润溽（rù）暑

[明] 仇英《蕉阴结夏图》

　　"溽"是湿的意思，"土润溽暑"就是土壤湿润、空气湿热。淋过雨的木头经过太阳的暴晒，会蒸腾出水汽，如果人坐在湿热的木头上，身体健康就会受损，所以有"夏不坐木，冬不坐石"的说法。

三候　大雨时行

　　大暑时节，时常有雷雨天气，滂沱大雨倾泻而下，冲刷掉空气中的闷热，带来一丝凉爽。

米仔兰

米仔兰是楝科植物，夏秋开黄色花，花朵繁密而小，只有米粒大，被称为米仔兰或米兰，又因为形如鱼子，也叫鱼子兰。

凤仙花

凤仙花的花朵如展翅欲飞的凤凰，又似在草丛中翩跹起舞的仙子。一株凤仙花能开出不同颜色的花。

［清］汪承霈《春祺集锦图》

李子

李子的果实和杏子差不多大，摸起来滑溜溜的。唐朝时，有一个叫嘉庆坊的地方种李树，后来大家也把李子称为"嘉庆子"。

［清］顾洛《蔬果图》

［清］马荃《花卉蝴蝶图卷》

❖ 大暑船

在浙江沿海一带，有"送大暑船"的习俗。大暑船有的高十多米，宽三米多，骨架为木头，外面画着彩绘故事，需要几十个渔民才能把它抬到码头。然后人们举行祈福仪式，最后把它送入大海，在海面上点燃，祈求祛除灾病，幸福丰收。

❖ 半年节

大暑时，一年已过一半，有些地方有过"半年节"的风俗。此时，麦子和稻子都已经丰收，大家会在这天用食物祭祀上天和祖先，祈求来年丰收，有的还用糯米面做"半年圆"，就是汤圆。

❖ 过大暑

大暑这天，莆田一带有吃荔枝、羊肉和米糟的习俗，叫"过大暑"。米糟也叫醪（láo）糟，是用糯米发酵做成的食物。

[清] 王翚等《康熙南巡图》

璀璨风俗

夏

❖ 吃仙草

把仙草茎叶晾干，慢火熬煮成果冻一样的东西，或制成凉粉一样的美食，吃了可以消暑。

❖ 晒伏姜

在山西、河南等地，人们会把生姜切片或榨汁，放入红糖在阳光下晾晒。等糖、姜融在一起后就能吃啦。

❖ 喝伏茶

伏茶就是三伏天喝的茶，一般用中草药熬成，可清凉去暑。古人会在村口亭中备伏茶，免费提供给路人解渴。

［清］佚名《柳荫斗茶图》

61

古诗词里的大暑

大 暑（节选）

[宋] 曾几

赤日几时过，清风无处寻。
经书聊枕籍，瓜李漫浮沉。

甲骨文里的大暑

大暑时天气湿热，甲骨文里的"湿"字，左边是弯曲的水，右边是接连不断的丝，意思是水把丝给打湿了。

[清] 冷枚《百子图》

谚语里的大暑

大暑热不透,大热在秋后。

大暑不暑,五谷不鼓。

小暑不见日头,大暑晒开石头。

大暑连天阴,遍地出黄金。

人在屋里热得躁,稻在田里哈哈笑。

古籍里的大暑

《太平御览》:"大暑之日,腐草为萤,又五日土润溽暑,又五日大雨时行。"

大意:大暑这天,腐草化为萤火虫;过了五天,土地湿润、天气闷热;又过了五天,大雨就时常降临了。

图书在版编目（CIP）数据

名画里的二十四节气 . 2，夏 / 文小通编著 . —— 北京 : 文化发展出版社，2023.4
ISBN 978-7-5142-3977-5

Ⅰ . ①名… Ⅱ . ①文… Ⅲ . ①二十四节气 – 少儿读物 Ⅳ . ①P462-49

中国国家版本馆CIP数据核字(2023)第048483号

名画里的二十四节气 2 夏

编　　著：文小通

出 版 人：宋　娜	责任印制：杨　骏
责任编辑：孙豆豆　刘　洋	责任校对：岳智勇
策划编辑：鲍志娇	封面设计：于沧海

出版发行：文化发展出版社（北京市翠微路2号 邮编：100036）
网　　址：www.wenhuafazhan.com
经　　销：全国新华书店
印　　刷：河北朗祥印刷有限公司

开　　本：889mm×1194mm　1/16
字　　数：41千字
印　　张：16
版　　次：2023年5月第1版
印　　次：2023年5月第1次印刷

定　　价：196.00元（全四册）
I S B N：978-7-5142-3977-5

◆ 如有印装质量问题，请电话联系：010-68567015